Risques et impacts des retenues d'altitude

André Evette, Laurent Peyras
et Dominique Laigle

Éditions Quæ

Éditions Quæ
RD 10
78026 Versailles Cedex, France

ISBN : 978-2-7592-0393-2
ISSN en cours

Sommaire

Pourquoi dresser un bilan ?

Un parc d'ouvrages spécifiques

Les retenues d'altitude sont des barrages de petite à moyenne dimensions, implantés dans les stations de montagne et destinés à créer une réserve d'eau. L'usage de l'eau stockée est, majoritairement, la production de neige de culture. Mais d'autres usages secondaires leur sont réservés tels le stockage d'eau brute pour la production d'eau potable, la création de plans d'eau à des fins touristiques (baignade, pêche) ou plus rarement l'irrigation.

Implantées en montagne entre 1 200 et 2 700 m d'altitude, ces retenues connaissent des problématiques spécifiques relatives :
- au choix du site et à la conception, en lien avec des contextes géologiques complexes, des aléas spécifiques à la montagne, des sollicitations importantes du fait de la glace et du froid intense ;
- à l'entretien et à la surveillance en conditions hivernales ;
- aux impacts potentiels sur des milieux particulièrement riches et fragiles ;
- aux risques induits sur les enjeux en aval en cas de défaillance.

Le parc français des retenues d'altitude comprend environ 120 ouvrages implantés essentiellement dans les Alpes et les Pyrénées. Ce parc est jeune et principalement constitué d'ouvrages de moins de dix ans. Il connaît actuellement une forte expansion puisque les projets en cours représentent le tiers de l'effectif des retenues en activité.

Connaître les aléas et les enjeux

Le retour d'expérience des retenues d'altitude en service et des projets en cours est en demi-teinte. Les pathologies, incidents, défauts de conception et de réalisation sont encore nombreux.

En plus des aléas classiques rencontrés en plaine (crue, séisme), les retenues d'altitude peuvent être exposées à des aléas spécifiques aux zones de montagne : avalanches, phénomènes torrentiels, aléas géologiques (glissements de versant, écroulements, chutes de blocs). L'estimation préalable de ces risques est difficile, ce qui rend délicate la conception des ouvrages de protection des retenues lorsqu'ils s'avèrent nécessaires.

Une retenue d'altitude implantée dans un site avalancheux.
Cemagref

Les retenues d'altitude, malgré des volumes modestes, induisent des risques potentiellement importants. Le retour d'expérience montre qu'une retenue d'altitude sur deux intéresse la sécurité publique au sens où la rupture de l'ouvrage ou l'expulsion brutale du volume d'eau stocké aurait des conséquences graves pour les personnes et les biens situés en aval. Plusieurs raisons expliquent cette situation :
- leur position dominante au-dessus d'installations à forte fréquentation touristique ou des zones résidentielles de station de ski ;
- les pentes fortes, ne permettant pas une atténuation de l'onde de rupture, associées à des formations géologiques de versant souvent fragiles, qui conduiraient à la formation de phénomènes torrentiels en cas de largage de débits importants ;
- la proximité entre retenue et enjeux aval et les délais d'arrivée d'une onde de rupture extrêmement réduits.

Les retenues d'altitude peuvent être à la fois des ouvrages potentiellement exposés et générateurs de risques. Par conséquent, dès les études préliminaires d'un projet, il convient de rechercher et d'évaluer précisément les sites pouvant accueillir la retenue, d'y étudier les aléas naturels spécifiques aux zones de montagne et d'analyser les conséquences sur les zones en aval en cas de défaillance du futur ouvrage.

Les retenues ont été conçues à l'origine pour stocker l'eau en été afin de réduire les impacts d'un prélèvement sur le milieu aquatique en hiver, au moment où les étiages sont les plus sévères en haute montagne. En retour, ces ouvrages de haute altitude sont susceptibles de générer des impacts d'autre nature sur le milieu.

D'un point de vue écologique, les milieux d'altitude présentent une grande richesse écologique, caractérisée notamment par une flore et une faune remarquables et par des zones humides à forte valeur patrimoniale. Ils sont également caractérisés par une grande fragilité ainsi que par une dynamique très lente : toute dégradation du milieu s'inscrit dans une durée plus longue qu'à plus faible altitude et les dynamiques naturelles de reconstitution peuvent s'y étaler sur des décennies. Ainsi, la construction des retenues d'altitude est susceptible d'avoir des impacts significatifs sur l'environnement, et doit être soigneusement préparée afin de les limiter.

Une retenue d'altitude implantée en amont d'un site avec enjeux de sécurité.
Françoise Dinger, Cemagref

Les enjeux territoriaux liés à la montagne

Les enjeux territoriaux liés à la montagne ont connu une forte évolution ces dernières décennies. Les modèles d'aménagement des stations de ski ont évolué, en lien avec les incertitudes de l'enneigement. Aujourd'hui on entre dans un nouveau cycle d'investissement, dans un contexte de marché mature, de vieillissement de l'immobilier de loisir, de changement climatique et d'un enneigement qu'il s'agit de garantir pour conforter l'activité.

Dans ce cadre, les stations de moyenne montagne sont souvent amenées à développer des stratégies complémentaires au tourisme de la neige et à élargir leur offre, en s'appuyant notamment sur le tourisme vert, ou plus largement sur le tourisme rural. Toutefois, les activités de diversification n'ont pas le potentiel de création d'emplois et d'activité que présente le ski, si bien que dans les stations d'altitude, l'activité ski reste toujours le moteur principal du tourisme. Ce constat conduit les autorités organisatrices et les gestionnaires de domaines skiables à mettre en œuvre des moyens pour sécuriser les conditions d'enneigement. On observe ainsi deux types d'évolution qui ne s'excluent pas, avec d'une part une diversification des activités estivales et hivernales, et d'autre part une consolidation des moyens liés à la production de neige.

Les retenues d'altitude face au changement climatique

Il est clair maintenant que la terre se réchauffe. Le réchauffement moyen de la planète est de plus de 0,7 °C par rapport au début du 20e siècle. En Europe, cette augmentation est supérieure à 1 °C, les hivers ayant connu une augmentation supérieure aux étés. La couverture neigeuse mondiale a décru depuis 1966 d'environ 2 % par décennie dans l'hémisphère Nord (GIEC, 2007). À titre d'exemple, au col de Porte (1 320 m en Chartreuse), la hauteur moyenne de neige a diminué de 50 centimètres depuis le début des années 60, et la durée d'enneigement de presque un mois (Météo France, 2006).

Cette tendance à la diminution de l'enneigement devrait se poursuivre, puisque les modèles climatologiques prévoient une augmentation de la température moyenne de 1,8 °C à 4 °C à l'horizon 2100. Sachant que la limite de l'enneigement monte de 150 mètres par degré Celsius gagné, l'altitude inférieure de l'enneigement augmenterait ainsi de 270 à 600 mètres au-dessus de la limite actuelle (GIEC, 2007 ; OCDE, 2007).

Flusin, 1906

R. Blanc, 2005

Glacier illustrant le changement climatique.

Les liens entre retenues d'altitude et changement climatique sont complexes. Les retenues d'altitude constituent une part importante des infrastructures liées à la mise en place d'un système de production de neige (60 % des prélèvements d'eau pour la neige proviennent de retenues). En prélevant l'eau lorsque les débits sont importants (printemps, été), le gestionnaire dispose d'une ressource en eau suffisante en hiver à un moment où la ressource est rare. En effet, c'est en hiver que les cours d'eau de montagne ont les débits les plus bas, et que les prélèvements sont élevés pour l'adduction en eau potable.

L'objectif de ces infrastructures est principalement de garantir l'enneigement des domaines skiables, notamment en début et fin de saison, pour faire face au caractère aléatoire des conditions d'enneigement (bonnes et mauvaises années) et de constituer une sous-couche de début de saison intéressante pour l'exploitation durant l'hiver. Le processus de fabrication de la neige de culture requiert impérativement des températures négatives[1].

En cela, la neige de culture ne constitue qu'une parade limitée face aux enjeux du changement climatique.

Vers une prise de conscience collective

Il existe aujourd'hui une prise de conscience collective des enjeux qui touchent les retenues d'altitude, que ce soit en termes de sécurité, de respect de l'environnement ou de développement durable. Cette prise de conscience touche tous les partenaires concernés par ces ouvrages, depuis leurs gestionnaires jusqu'aux usagers en passant par les administrations, les collectivités ou les associations.

En première réponse à cet intérêt, on propose ce bilan du retour d'expérience sur les retenues d'altitude. Sur la base d'un diagnostic détaillé du parc d'ouvrages, l'objectif essentiel est de porter à la connaissance des décideurs les risques et les impacts liés aux retenues d'altitude ainsi que les problèmes de gestion qu'ils soulèvent. Ce document d'information technique est destiné aux maîtres d'ouvrages, responsables techniques et décideurs locaux. Il précise également quels sont les acteurs et les guides techniques à consulter.

Pour la préparation de ce guide, des enquêtes documentaires et de terrain ont été conduites en 2007 sur le parc de retenues d'altitude des massifs alpin et pyrénéen. Les ouvrages examinés ont fait l'objet de différentes investigations : analyse des études de conception du dossier de l'ouvrage (hydrologie, aléas de montagne, maîtrise d'œuvre, impact environnemental, onde de submersion), analyse approfondie centrée sur les études géologiques, visite détaillée et parfois expertise approfondie. Au total, quelque 65 ouvrages ont été examinés, ce qui a permis de rassembler un important retour d'expérience sur la conception, l'état, le comportement, les incidents, l'exploitation et la surveillance des retenues d'altitude.

Bien sûr, cet état des lieux constitue une image du parc à un instant précis. La situation décrite tend à s'améliorer, compte tenu de la prise de conscience progressive des risques et des impacts et du souci des professionnels de la montagne. Très sensibilisés aux questions de risques et d'environnement, ils souhaitent améliorer les retenues d'altitude et les pratiques de gestion.

1. SNTF, 2002

Bilan des risques et impacts des retenues d'altitude

Vulnérabilité des retenues d'altitude face aux risques naturels

Les retenues d'altitude sont soumises aux aléas naturels. Certains, tels que les avalanches ou les phénomènes torrentiels, sont spécifiques à la montagne. En cas d'impact de la retenue par l'un de ces phénomènes, une expulsion très rapide du volume d'eau stocké dans la retenue peut se produire et provoquer une onde de submersion se propageant vers les zones en aval. Une telle onde est, par ailleurs, susceptible de générer des laves ou des charriages torrentiels et d'aggraver le pouvoir destructeur de l'accident. Face à la puissance de ces phénomènes, la recommandation logique consiste à n'implanter des retenues que sur des sites exempts d'aléas de montagne ou de niveau d'aléa suffisamment faible.

Le retour d'expérience montre que près d'une retenue sur deux est exposée à au moins un aléa de montagne. Dans le détail, les expositions aux avalanches, aux aléas torrentiels et aux aléas géologiques se répartissent de la façon suivante :
- environ 20 % des retenues sont implantées sur des sites à aléa avalancheux avéré. La moitié d'entre elles est soumise à un aléa fort. Pour certaines de ces retenues, des ouvrages de protection contre ces aléas (tourne, étrave, etc.) ont été prévus et prennent généralement en compte les événements courants à modérément puissants ;
- une retenue sur deux est soumise à un aléa torrentiel, et environ une sur trois est soumise à un aléa fort ;
- un quart des retenues est soumis à un aléa géologique modéré à fort, se répartissant dans l'ordre de fréquence entre les risques de chutes de blocs, les instabilités souterraines, les écroulements de masse et les glissements de terrain.

Concernant l'aléa hydrologique, les retenues d'altitude interceptent des bassins versants de petite taille. Les enquêtes ont montré que ces bassins sont presque toujours inférieurs au km² et que les retenues

barrent rarement directement les talwegs. Il est donc généralement facile de protéger les retenues face au risque hydrologique. Toutefois, le retour d'expériences met en évidence certains défauts :
- une partie importante (40 %) du parc a été réalisée sans étude hydrologique ;
- un quart des retenues d'altitude ne sont pas équipées d'évacuateurs de crues tels qu'ils sont réalisés aujourd'hui ;
- 65 % des évacuateurs présentent un défaut, plus ou moins important, vis-à-vis d'une conception moderne : revanche insuffisante, muret de rehaussement, obstruction par un grillage.

Retenue impactée par une avalanche.
Cemagref

Retenue soumise à un risque torrentiel.
Cemagref

Retenue soumise à un risque de chute de blocs. *Cemagref*

Évacuateur de crues avec défaut. *Cemagref*

Retenue sans évacuateur. *Cemagref*

Les risques technologiques induits

Les retenues d'altitude sont souvent considérées comme des bassins de stockage sans dangerosité particulière. Leur appellation « bassin ou retenue collinaire », utilisée à tort, est symptomatique de la considération apportée à ces ouvrages. Ce sont avant tout des barrages dont la dangerosité est souvent sous-évaluée.

Malgré des tailles et des volumes modestes, les retenues d'altitude intéressent souvent la sécurité publique. Les raisons principales sont liées à leur position dominante en amont de forts enjeux humains. Les distances rapprochées entre les retenues et les enjeux, ajoutées aux fortes pentes de versant génératrices de phénomènes torrentiels, aggravent potentiellement le pouvoir destructeur de l'onde de submersion. À ce jour, l'occurrence de tels phénomènes torrentiels est peu prise en compte dans les études de propagation de l'onde de rupture.

L'enquête a mis en évidence que 40 % des barrages d'altitude intéressent indubitablement la sécurité publique et que 25 % mériteraient une étude complémentaire pour statuer. Seul un tiers du parc n'intéresse pas la sécurité publique de façon certaine.

Le volet géologique et géotechnique est fondamental pour la conception et la réalisation des retenues d'altitude. En effet, les sites de montagne présentent des difficultés particulières, liées à la complexité géologique des lieux, l'hétérogénéité des matériaux et l'hydrogéologie délicate des sites. Sur ce sujet, l'enquête a montré que 20 % des barrages d'altitude n'ont fait l'objet d'aucune étude géologique ou géotechnique à la conception. Sur les 80 % d'ouvrages sur lesquels des études géotechniques ont été réalisées, la quasi-totalité a fait l'objet d'études géotechniques d'avant-projet et très peu d'études géotechniques de projet ont été conduites. Enfin seulement 20 % ont fait l'objet d'une supervision géotechnique d'exécution.

Retenue intéressant la sécurité publique. *Cemagref*

Concernant la conception géotechnique des ouvrages, un remblai sur deux présente une pente de talus aval trop raide au regard des règles de l'art et un constat analogue est fait sur les pentes des talus amont. Cela peut conduire à une sécurité au glissement insuffisante au regard des règles de l'art. Concernant le drainage, les enquêtes ont montré que 20 % des barrages ne disposent pas de dispositif de drainage du remblai et peuvent donc être vulnérables en cas de défaillance du dispositif d'étanchéité.

Retenue avec pente raide. *Cemagref*

Les traversées de remblai constituent des points de faiblesse du barrage et il convient de soigner la conception et la réalisation des traversées de conduites. Sur ce sujet, l'enquête a montré des défauts de conception, notamment des conduites de vidange enrobées dans un lit de sable (30 %) ou des diamètres de la vidange insuffisant (15 %).

Concernant l'exécution géotechnique, le retour d'expérience des chantiers a mis en évidence des situations difficiles à gérer. Par ordre d'importance, on peut citer :
– des excès d'eau : terrains et matériaux très humides, difficultés de contrôle des venues d'eau en sous-sol, portance faible ;
– des difficultés de compactage : densité insuffisante, déformabilité importante ;
– des difficultés liées à la reconnaissance des sites et des matériaux : pénurie de matériaux, matériaux inadaptés pour le remblai, zones non portantes.

L'essentiel du parc des barrages d'altitude est étanché artificiellement par une géomembrane[2] (85 %), et ce principalement pour des raisons d'étanchéité naturelle insuffisante des sites et des gisements de matériaux. L'endommagement de la géomembrane est une pathologie courante sur les retenues d'altitude : 40 % des retenues connaissent régulièrement des endommagements importants (arrachements, très nombreux poinçonnements chaque année), 15 % connaissent des défauts récurrents nécessitant des interventions annuelles de maintenance. Cette pathologie est particulièrement pénalisante pour l'exploitation et peut être, dans certains cas, dangereuse pour la sécurité du remblai.

Deux facteurs techniques sont à l'origine de l'endommagement des géomembranes :
- l'agressivité du support de la géomembrane ;
- les conditions locales de formation de glace qui conduisent à recommander le plus souvent une couverture complète de la géomembrane.

Pour le premier point, l'analyse des résultats de l'enquête indique que la couche support de la géomembrane présente un niveau de qualité variable d'un ouvrage à l'autre. On a recensé 40 % de couches support irrégulières à très irrégulières.

Pour le deuxième point, l'enquête a montré que les géomembranes non protégées ou protégées uniquement sur la partie supérieure, concernent la grande majorité (90 %) des retenues d'altitude. On a rarement observé le recouvrement intégral.

La surveillance d'un barrage comprend l'examen visuel et l'auscultation. La surveillance des retenues d'altitude est réalisée par les agents d'exploitation des entreprises publiques ou privées chargés de leur gestion. Ces personnes sont très sensibilisées aux questions de risques, car elles sont confrontées dans la pratique quotidienne de leur activité en montagne à des situations de gestion de risques et de management de la sécurité. Ces professionnels sont à l'écoute des conseils et recommandations pour la surveillance des retenues d'altitude.

La surveillance visuelle satisfaisante d'une retenue d'altitude comprend des visites tout le long de l'année, à périodicité minimale bimensuelle et concerne tous les ouvrages et équipements de l'installation visibles. En réalité, il apparaît que seulement 40 % des retenues d'altitude font l'objet de telles visites, du fait essentiellement de la méconnaissance de la pratique de la surveillance.

2. Membranes synthétiques étanches de grande dimension

Endommagement de la géomembrane. *Crédit Stucky*

Reptation de glace sur le parement. *Cemagref*

Les barrages sont équipés d'instruments d'auscultation permettant leur suivi et l'auscultation prévoit des relevés réguliers des instruments et l'analyse des mesures à travers un rapport d'auscultation. Le retour d'expérience sur les retenues d'altitude conclut que la majorité des retenues

(60 %) fait l'objet d'un suivi d'auscultation adapté (mesure de la cote du plan d'eau et des débits de drainage). Néanmoins quelques 40 % restent sans suivi régulier.

Les impacts sur l'environnement

Si l'attention des gestionnaires doit porter sur les différents risques technologiques susceptibles d'être engendrés par les retenues d'altitude, les différents impacts environnementaux de ces ouvrages doivent également les alerter.

L'analyse des impacts des retenues d'altitude doit prendre en compte à la fois les impacts directs (terrassements, ennoiement...), mais également les impacts indirects liés à la gestion de la retenue comme la modification des impluviums ou l'impact des prélèvements et rejets dans le milieu naturel.

Étude des impacts sur les zones humides d'altitude

Les retenues d'altitude peuvent impacter des zones humides. L'enquête menée dans le cadre de ce guide permet d'estimer qu'environ un tiers de ces ouvrages ont été installés sur des zones humides.

Les tourbières et autres zones humides sont sous le contrôle naturel des conditions d'alimentation en eau, tant sur le plan qualitatif que quantitatif. Les travaux réalisés directement sur la zone humide détruiront définitivement les parties impactées. Par ailleurs, les travaux réalisés à proximité de la zone humide (même s'ils ne touchent pas directement celle-ci) pourront également avoir un impact important. Ainsi, les travaux situés à l'amont des zones humides peuvent altérer les écoulements et donc le fonctionnement hydrologique des zones humides. Le détournement d'une partie des eaux de ruissellement peut ainsi amener une destruction de tout ou partie de la zone humide.

Il est nécessaire d'accorder une attention particulière à tous les travaux de terrassement (routes, fossés, pistes) qui peuvent être réalisés en amont des zones humides. En effet, les terrassements sont susceptibles de produire des fines qui peuvent colmater les zones humides. Ces travaux de revégétalisation en altitude sont souvent réalisés à l'aide de fertilisants et composts qui sont susceptibles de modifier la qualité de l'eau et de produire des conditions d'eutrophisation (azote, matières organiques) néfastes à ces milieux, généralement alimentés par des eaux très pures. Ainsi, il est nécessaire d'identifier et de minimiser l'impact sur l'alimentation en eau des tourbières et autres zones humides.

Zone humide d'altitude Saint-Jean Montclar. *Cemagref*

Étude des impacts quantitatifs sur les torrents et écoulements superficiels

L'exploitation classique des retenues d'altitude consiste en règle générale à constituer une réserve d'eau en été et en automne, à une période où l'impact des prélèvements sur les milieux aquatiques est le moins dommageable. Il doit en toute hypothèse être examiné avec soin par une étude quantitative.

Par ailleurs, certaines retenues d'altitude sont remplies en continu en hiver, ou font l'objet de multiples remplissages en cours de saison. Dans ces situations, les impacts quantitatifs sur les torrents et écoulements superficiels sont susceptibles d'être importants.

En effets, les impacts les plus aigus correspondent aux prélèvements réalisés en période d'étiage hivernal. Durant cette période des prélèvements importants peuvent provoquer la prise en glace pour de petits émissaires et limiter les possibilités de survie de la faune piscicole (dilution de la pollution, débit réservé). Les impacts quantitatifs doivent donc être analysés avec soin.

Torrents et écoulements superficiels, Claudio Carvajal. *Cemagref*

Étude des impacts qualitatifs sur les eaux souterraines et sur les écosystèmes

Une attention particulière doit être portée à la qualité de l'eau utilisée pour remplir les retenues d'altitude. En effet, il peut arriver que l'eau stockée soit polluée du fait de prélèvements dans des eaux de surface recevant des rejets d'assainissements, de déjections animales ou de pollutions physico-chimiques liées aux activités anthropiques. Ces pollutions peuvent provenir d'émissaires situés en altitude ou de pompages dans les cours d'eau de fond de vallée.

La forte perméabilité générale des sols de montagne et le caractère progressif du ruissellement à la fonte des neiges, rendent les aquifères vulnérables, et cela peut alors constituer une menace potentielle pour les captages d'eau potable. Le rapport récent de l'AFSSET (2008) met en avant les risques liés à ce type de pollution lors d'épandage de neige de culture.

À un moindre niveau, l'eau utilisée, même si elle provient de zones d'altitude, peut être fortement minéralisée par son passage dans la roche ou par son stockage dans la retenue (contrairement à l'eau météorite), et peut ainsi entraîner des modifications des conditions de sol (Dinger & Dubos, 2005 ; Wipf & Rixen, 2005).

Lorsqu'elle provient d'eaux de surface, la neige de culture apporte des nutriments au milieu et ces nutriments peuvent être en quantité suffisante pour modifier à moyen terme la composition de la végétation sur les zones concernées, même si ces dernières restent circonscrites dans l'espace. Pour illustrer ces propos, une étude menée par des scientifiques suisses a montré des modifications de la composition floristique des communautés végétales : augmentation des espèces nitrophiles et des espèces des combes à neige d'une part et diminution des graminées d'autre part.

Écosystèmes. *G. Loucougaray, Cemagref*

Comment améliorer les pratiques ?

La partie précédente du guide avait pour objectif d'attirer l'attention des décideurs locaux et des responsables techniques sur les risques et les impacts liés aux retenues d'altitude. Cette partie propose des bonnes pratiques notamment pour l'étude des réglementations, la consultation des acteurs concernés en amont du projet et l'examen des guides techniques de référence disponibles.

Les règlementations applicables

La réglementation impose d'étudier et de prendre en compte l'incidence sur l'environnement des retenues avant leur réalisation ou lors d'extensions ou de modifications notables. Ainsi le Code de l'environnement stipule que « les travaux et projets d'aménagements qui sont entrepris par une collectivité publique ou qui nécessitent une autorisation ou une décision d'approbation, doivent respecter les préoccupations d'environnement » et que « les études préalables à la réalisation d'aménagements ou d'ouvrages qui, par l'importance de leurs dimensions ou leurs incidences sur le milieu naturel, peuvent porter atteinte à ce dernier, doivent comporter une étude d'impact permettant d'en apprécier les conséquences ».

Au-delà de ces principes généraux, plusieurs réglementations sont susceptibles de s'appliquer aux aménagements comme les retenues d'altitude.

La réglementation sur l'eau

La création des retenues est soumise à une autorisation ou déclaration au titre de la loi sur l'eau. Ces installations doivent être compatibles avec les grandes orientations fixées pour la gestion de l'eau dans le SDAGE (Schéma directeur d'aménagement et de gestion des eaux fixant les grandes lignes de la gestion de l'eau au niveau du bassin) et dans l'éventuel SAGE (Schéma d'aménagement et de gestion des eaux élaboré au niveau d'un sous-bassin).

Toute modification de nature à entraîner un changement notable d'une installation soumise à déclaration ou à autorisation doit être préalablement soumise à l'autorité préfectorale. Le cas échéant, le préfet peut fixer des prescriptions complémentaires, ou exiger une nouvelle procédure complète de demande d'autorisation ou une nouvelle déclaration s'il estime que les modifications sont suffisamment importantes.

Le changement climatique est également une donnée à prendre en compte dans les dossiers d'autorisation dans la mesure où le code de l'environnement précise les grands principes auxquels la gestion des eaux doit répondre et stipule ainsi que « cette gestion prend en compte les adaptations nécessaires au changement climatique».

Les périmètres de protection

Lors de la mise en place d'un captage ou d'un forage pour l'alimentation en eau potable d'une collectivité, un hydrogéologue est sollicité pour mettre en place des périmètres de protection sur lesquelles certaines activités peuvent être interdites ou réglementées.

La réglementation sur les espèces protégées

D'une manière générale, il est interdit de détruire ces espèces ainsi que leur habitat. Des autorisations exceptionnelles sont toutefois prévues à condition qu'il n'existe pas d'autre solution satisfaisante et que la dérogation ne nuise pas au maintien, dans un état de conservation favorable, des populations des espèces concernées dans leur aire de répartition naturelle.

La réglementation liée à la protection de certains périmètres

Il existe un certain nombre de périmètres bénéficiant d'une protection d'ordre réglementaire en ce qui concerne la faune et la flore qu'ils abritent. Ces différentes réglementations portent sur des périmètres de taille variable avec des contraintes plus ou moins fortes.

Les arrêtés préfectoraux de protection de biotope (APPB) fixent les mesures tendant à favoriser, la conservation des biotopes tels que mares, marécages, marais, haies, bosquets, landes, dunes, pelouses ou toute autre formation naturelle peu exploitée par l'homme, dans la mesure où ces biotopes ou formations sont nécessaires à l'alimentation, à la reproduction, au repos ou à la survie de ces espèces.

Les réserves naturelles concernent notamment la préservation d'espèces animales ou végétales et d'habitats en voie de disparition. Les activités sont fortement réglementées dans le périmètre des ces réserves. Il existe plus de 300 réserves naturelles sur le territoire national. La liste de ces réserves, de leur organisme gestionnaire ainsi que les différents types de structures correspondantes sont décrits sur le site http://www.reserves-naturelles.org.

Les parcs nationaux comprennent trois zones de protection : l'aire d'adhésion, le cœur du parc et les réserves intégrales. Les contraintes en matière d'environnement sont généralement croissantes depuis la zone d'adhésion jusqu'à la réserve intégrale.

On peut également noter l'existence des réserves biologiques domaniales gérées par l'ONF, qui sont de deux types. Il y a les réserves intégrales où aucune action de gestion n'est réalisée et les réserves dirigées où la gestion a pour objectif de maintenir des espèces ou des milieux à forte valeur patrimoniale.

Natura 2000 est un réseau européen d'espaces naturels identifiés pour la qualité, la rareté ou la fragilité des espèces animales ou végétales et de leurs habitats naturels. Il a pour objectif de préserver la diversité biologique de ces espaces, en prenant en compte leur gestion et leurs usages. En France, ce réseau compte plus de 1 700 sites dont plus de 140 en milieu alpin. Ce sont environ 2 000 communes de montagne qui sont concernées par des sites Natura 2000 pour plus de 5 % de leur territoire. Tous les projets de retenues ou d'enneigement automatique qui peuvent affecter directement ou indirectement ces zones Natura 2000 doivent faire l'objet d'une évaluation environnementale.

Les périmètres sans portée réglementaire

L'inventaire des zones naturelles d'intérêt écologique faunistique et floristique (ZNIEFF) recense les secteurs du territoire national particulièrement intéressants sur le plan écologique. Les ZNIEFF constituent un outil de connaissance sans portée réglementaire directe. Ces sites doivent cependant être pris en compte dans les documents étudiant l'impact du projet (études et notices d'impact, documents d'incidence…).

Études d'impact et notices d'impact

La loi du 10 juillet 1976 a instauré une étude ou une notice d'impact préalable pour les travaux soumis à autorisation et pouvant porter atteinte aux milieux naturels. Ce type d'étude doit porter sur l'intégralité du projet et se suffire à elle même dans le sens où elle doit permettre au service instructeur de se faire une idée générale du dossier. Ainsi, lorsque la totalité des travaux prévus au programme est réalisée de manière simultanée, l'étude d'impact doit porter sur l'ensemble du programme.

Règlementation relative à l'urbanisme

Tout d'abord, il y a lieu de s'assurer et de présenter la compatibilité du projet avec les différents documents d'urbanisme dont les plans locaux d'urbanisme (PLU).

Dans le cadre de la « loi Montagne », il existe des restrictions à la construction à proximité des parties naturelles des rives des plans d'eau naturels ou artificiels d'une superficie inférieure à mille hectares.

Par ailleurs les travaux d'affouillement et d'exhaussement du sol doivent être précédés de la délivrance d'une déclaration préalable ou d'un permis d'aménager on fonction des profondeurs (ou hauteurs) et des surfaces des affouillements.

Règlementation relative aux installations classées

Les compresseurs liés à la fabrication de neige peuvent être soumis à une instruction au titre des installations classées. Dans la pratique, l'articulation entre les différentes réglementations est à étudier localement avec les services concernés.

Règlementation relative au code forestier

Lorsque la mise en place ou l'extension d'une retenue se fait en zone boisée, il est nécessaire de solliciter préalablement une autorisation de défrichement au titre du code forestier.

RÉCAPITULATIF DES RÉGLEMENTATIONS SUSCEPTIBLES DE S'APPLIQUER

- Espèces protégées (Code de l'environnement)
- Périmètres protégés (Code de l'environnement, Code de la santé publique)
- Programme de travaux et étude d'impact (Code de l'environnement)
- Autorisation ou déclaration au titre de la loi sur l'eau (Code de l'environnement)
- Autorisation ou déclaration au titre des installations classées pour la protection de l'environnement (Code de l'environnement)
- Permis d'aménager, loi montagne (Code de l'urbanisme)
- Autorisation de défrichement (Code forestier)

Les acteurs à consulter

Comme on peut le voir, les différentes réglementations susceptibles de s'appliquer à la réalisation ou à la gestion des retenues sont nombreuses et parfois complexes. Aussi, il est important de s'entourer des différentes compétences dans le domaine. Il est ainsi fortement recommandé au maître d'ouvrage et à son maître d'œuvre de consulter, dès la phase des études préliminaires et du choix du site, les administrations de l'État concernées, notamment le Service de contrôle. Il est en effet de bonne pratique d'associer dès l'amont du projet les services de l'État, ce qui peut être de nature à éviter des éléments administratifs déterminants non identifiés par le maître d'œuvre et donc à diminuer les risques de rejet du projet. En outre, cela facilitera les discussions techniques avec les agents de l'Administration, l'instruction du dossier et sera de nature à réduire les délais d'instruction.

En matière d'environnement

Un certain nombre d'acteurs locaux et régionaux disposent d'informations sur les milieux physiques et naturels qui peuvent être impactés par la création ou la modification de retenues d'altitude. La consultation de ces organismes en amont du projet apparaît importante notamment en vue de choisir les lieux d'implantation. La direction régionale de l'environnement, de l'aménagement et du logement (DREAL), l'agence de l'eau, l'office national de l'eau et des milieux aquatiques, l'office national de la chasse et de la faune sauvage, les parcs nationaux et régionaux, l'observatoire des galliformes de montagne, la fédération de pêche et des associations locales (gestionnaires d'espaces naturels, pêcheurs, protecteur de la nature) font partie des organismes susceptibles de fournir des informations intéressantes.

En matière d'ingénierie

Il est fondamental de disposer d'une ingénierie de grande qualité pour la conception des retenues d'altitude. En effet, un projet de retenue d'altitude relève d'une conception multidisciplinaire, devant faire appel à de nombreuses disciplines telles que la géologie, la géotechnique, le génie civil, l'écologie, les risques naturels montagnards, l'hydraulique...

C'est le maître d'œuvre qui a la responsabilité de la conception du projet. Il doit impérativement disposer en son sein des compétences fortes dans les disciplines de base de la conception des retenues d'altitude, que sont la géotechnique et le génie civil. Mais, rarement, il disposera de l'ensemble des compétences pour tous les volets du projet. Ainsi, certaines études pourront être traitées par d'autres intervenants spécialisés dans certaines disciplines, par exemple les risques naturels de montagne ou l'écologie. En toute hypothèse, c'est au maître d'œuvre que revient la tâche de coordonner et piloter l'ensemble des études.

Par conséquent, il a un rôle d'ensemblier fondamental dans la conception du projet, et doit :
– disposer des compétences minimales dans les différents volets de la conception et de la sécurité d'un projet de retenue d'altitude ;
– coordonner les différentes étapes de la conception du projet ;
– engager des procédures administratives et techniques d'instruction du projet, en connaissance des différents critères de recevabilité.

Le maître d'ouvrage dispose de plusieurs outils pour l'aider dans son choix du maître d'œuvre et pour s'assurer de ses compétences : l'examen des moyens et des compétences du maître d'œuvre, l'examen des références sur des projets équivalents conduits de façon satisfaisante et les qualifications de l'OPQIBI relatives à l'ingénierie[3]. Dans un futur proche, un système d'agrément national des cabinets d'ingénierie sera instauré en application du décret du 11 décembre 2007 relatif à la sécurité des ouvrages hydrauliques (article R214-148 du code de l'environnement)[4].

Pour des projets de retenues d'altitude importants, impliquant des enjeux forts ou dans des contextes complexes, il est fortement recommandé que le maître d'ouvrage s'entoure d'une assistance à maîtrise d'ouvrage (AMO) confiée à un organisme présentant également des compétences reconnues dans le domaine des ouvrages hydrauliques. Cette mission spécifique AMO, largement utilisée pour les barrages classiques, visera à assister le maître d'ouvrage lors des différentes étapes du projet : rédaction des cahiers des charges des études pour la préparation des consultations, analyse des offres des bureaux d'études, analyse technique des rendus d'études, assistance pour la coordination et le pilotage du projet en conception et exécution.

Le maître d'ouvrage doit prévoir une enveloppe budgétaire suffisante pour l'ingénierie, qui s'estime en pourcentage du montant global de l'opération. Ce budget doit couvrir la maîtrise d'œuvre complète, les études géotechniques, les études des aléas naturels, l'étude d'onde de rupture et l'étude des impacts environnementaux. Il doit être augmenté

3. Deux qualifications de l'OPQIBI sont à retenir pour la maîtrise d'œuvre des barrages d'altitude : 1803 « Ingénierie de canaux et d'ouvrages fluviaux hydrauliques et portuaires courants » : cette qualification indique que le bureau d'études est compétent pour la conception de retenues jusqu'à 5 mètres ; 1804 « Ingénierie de canaux et d'ouvrages fluviaux hydrauliques et portuaires complexes » : cette qualification indique que le bureau d'études est compétent pour la conception de retenues au-dessus de 5 mètres.

4. L'agrément sera prononcé pour une durée maximum de 5 ans par un arrêté publié au Journal Officiel. La liste des agréments délivrés et le cas échéant, retirés, sera publiée au Journal Officiel au moins une fois par an.

pour les projets complexes nécessitant des investigations plus approfondies. Il est particulièrement important de prévoir un montant suffisant pour la réalisation des reconnaissances géologiques et géotechniques, déterminantes pour assurer la réussite du projet. Il est bon de rappeler que les estimatifs des bureaux d'études sont établis en fonction du temps consacré à une prestation. Pour obtenir des prestations de qualité, il ne faut donc pas sous-estimer les temps nécessaires au bon accomplissement des différentes missions.

Les guides techniques à examiner

Le guide de recommandations *Retenues d'altitude* paru en 2009 aux éditions Quæ (Peyras & Mériaux, 2009) constitue un manuel intégré pour la conception, la réalisation, la surveillance et la réhabilitation de ces aménagements. Il précise, dans le contexte de la montagne, les règles de l'art pour la conception de petits barrages, le plus souvent munis d'un dispositif d'étanchéité par géomembrane. Il traite tous les volets liés à l'installation de ces ouvrages : l'écologie, les risques naturels de la montagne, l'hydrologie, la conception, la réalisation, la surveillance et la réhabilitation. Il est destiné principalement aux propriétaires et exploitants ainsi qu'aux bureaux d'études intervenant dans les différents domaines de la conception, de la surveillance et de la réhabilitation des retenues d'altitude.

On pourra également consulter d'autres manuels techniques traitant des petits barrages, notamment le guide du CFBR[5] *Petits barrages : recommandations pour la conception, la réalisation et le suivi.* Le guide *Retenues d'altitude* précise les références techniques incontournables des différents domaines.

Pour le volet risques naturels liés à la montagne, il n'existe pas de manuel intégré traitant des différents aléas et le guide *Retenues d'altitude* renvoie à la littérature spécialisée. On gardera en tête les références suivantes :
– *Dynamique des avalanches* de Christophe Ancey (2006) ;
– *Debris-flow hazards and related phenomena* de Jakob et Hungr pour les laves torrentielles (2005);
– deux guides méthodologiques PPR (Plans de Prévention des Risques) en préparation : le guide *Crues des torrents et rivières en montagne* et le guide *Avalanches.*

---

5. Comité français des barrages et réservoirs

Pour le volet écologie, il n'existe pas de guide spécifique sur les études d'impact en milieu de montagne. On peut néanmoins s'appuyer sur les documents plus généraux réalisés notamment par le ministère de l'Écologie, de l'Énergie, du Développement durable et de l'Aménagement du territoire :

– *l'étude d'impact sur l'environnement* (MEDAD, 2001) ;

– *le cadrage préalable de l'étude d'impact sur l'environnement* (MEDAD, 2004) ;

– *notes de cadrage pour les études et les notices d'impact réalisées par la DDEA de Savoie.*

Retenue aux Monts d'Olmes. *Cemagref*

Bibliographie

Ancey C., Bain V., Bardou E., Borrel G., Burnet R., Jarry F., Kölbl O., Meunier M., 2006. *Dynamique des avalanches.* Cemagref – Presses polytechniques et universitaires romandes. 340 p.

AFSSET, 2008. *Évaluation des risques sanitaires liés à l'utilisation d'adjuvants pour la fabrication de la neige de culture.* Rapport « Risques sanitaires neige de culture - Snomax® », avril 2008

Beniston, M., 2006. *Mountain Weather and Climate: A General Overview and a Focus on Climatic Change in the Alps.* In: Hydrobiologia 562(1): 3-16.

Beniston M., Keller F., 2003. *Estimates of Snow Accumulation and Volume in the Swiss Alps under Changing Climatic Conditions.* In: Theoretical and Applied Climatology 76(3-4) : 125-140.

Dinger F., Dubos S., 1995. *Impacts des installations de neige de culture sur l'environnement. Grenoble,* Cemagref : 77.

Dugleux E., 2002. *Impact de la production de neige de culture sur la ressource en eau.* Agence de l'eau Rhône-Méditerranée-Corse, Lyon.

EEA, 2007. *Climate Change and Water Adaptation.* Agence européenne de l'Environnement : 112

GIEC, 2007. *Bilan 2007 des changements climatiques - Les éléments scientifiques physiques. Cambridge,* United Kingdom and New York, NY, USA., Contribution du groupe de travail I au quatrième rapport d'évaluation du Groupe d'experts intergouvernemental sur l'évolution du climat. Solomon, S., D. Qin, M. Manning, Z. Chen, M. Marquis, K.B. Averyt, M.Tignor and H.L. Miller (eds.). Cambridge University Press.

Jakob M., Hungr O. (Eds.), 2005. *Debris-Flow Hazards and Related Phenomena.* Springer-Praxis Books in Geophysical Sciences, Springer-Verlag: 9-23.

MEDAD, 2004. *Le cadrage préalable de l'étude d'impact sur l'environnement.* Paris 40 p.

MEDAD, 2001. *L'étude d'impact sur l'environnement - Objectifs - Cadre réglementaire - Conduite de l'évaluation.* Paris, 157 p.

Météo France (2006). *L'automne 2006 et l'enneigement mi décembre 2006 : caractérisation climatologique, situation et perspectives.* Rapport de Météo-France au ministère des transports de l'équipement, du tourisme et de la mer. Annexe : *changement climatique et impact sur l'enneigement.*

OCDE, 2007. Climate Change in the European Alps: Adapting Winter Tourism and Natural Hazards Management Organisation for Economic Co-operation and Development. 131 p.

Wipf, S., C. Rixen (2005). *Effects of Ski Piste Preparation on Alpine Vegetation.* Journal of Applied Ecology 42(2): 306-316.

SNTF, 2002. Neige de culture, le savoir et la production.

Édition et mise en pages
Éditions Quæ

Imprimé pour vous par Books on Demand (Allemagne)